升级版 10

这就是物理

QUESTION AND ANSWER 答案之书

米莱童书　著·绘

北京理工大学出版社
BEIJING INSTITUTE OF TECHNOLOGY PRESS

创作团队

米莱童书

米莱童书是由国内多位资深童书编辑、插画家组成的原创童书研发平台。旗下作品曾获得2019年度“中国好书”，2019、2020年度“桂冠童书”等荣誉；创作内容多次入选“原动力”中国原创动漫出版扶持计划。作为中国新闻出版业科技与标准重点实验室（跨领域综合方向）授牌的中国青少年科普内容研发与推广基地，米莱童书一贯致力于对传统童书进行内容与形式的升级迭代，开发一流原创童书作品，适应当代中国家庭更高的阅读与学习需求。

策 划 人： 刘润东　魏　诺

统筹编辑： 秦晓英

原创编辑： 窦文菲　秦晓英　张婉月

漫画绘制： Studio Yufo

专业审稿： 北京市赵登禹学校物理教师 张雪娣

装帧设计： 刘雅宁　张立佳　辛　洋　刘浩男　马司雯　朱梦笔

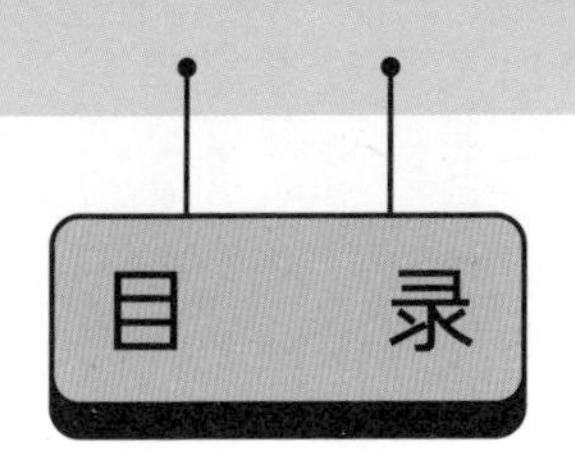

目录

问题之海
地球上的小朋友每时每刻都有很多问题，这些问题凝聚成了一片“问题之海”。今天我们决定来回答其中的一些问题，而且我们会将答案抛入这片海中，等待小朋友们来阅读哟！
Q: 怎样团出完美的雪球？
Q:原始森林究竟有多危险？
Q:人们为什么看不见月球的背面？
Q: 一棵树能不能永远活下去？
为什么发不出超声波和次声波？
Q:好多电影里，外星
朝人打一束光就把人抓
这科学吗？
Q: 为什么人和动物的寿命不一样？
大树之间能交谈吗？小草之间呢？
Q: 宇宙是否有尽头？
Q: 为什么鲜花脱水后不会枯萎？
Q: 听说宇宙正在膨胀，是真的吗？
Q: 鲸鱼
有什么含义？
Q: 什么时候才能找到和地球一样适居住的星球？
Q: 传说中能够劈开金属的铁砂掌真的存在吗？
为什么充电头的充电速度有快有慢？
为什么激光可以用来制作武器？
电鳗去电另一条
鳗会有什么后果？

物质小人请回答

有一天，我做了一个梦，梦见一只流浪猫来到我家，我们就收养了它。醒来后发现只是做梦，我依然没有猫……我想问，梦是物质吗？

答：物质是具有实体、占据空间的，物质有颜色、触感、味道、弹性……你的梦没有实体，因此不是物质。

养猫意味着对一个生命负有完全的责任，要操心它的衣食住行、生老病死。等你能够对猫的生命完全负责，它就会来找你啦！

我最近长了一颗蛀牙，牙上出现一个小洞。我的牙也是物质，但现在消失了一块，难道我的牙升华了吗？

答：产生蛀牙的原因有很多。如果你经常吃糖，每天喝有甜味的饮料，那么即便每天坚持刷牙，长蛀牙的可能性也比别人大。

你知道人为什么要刷牙吗？刷牙是为了让牙刷的刷毛擦掉附着在牙齿上的细菌团。这些细菌团靠口腔里的食物残渣生活，尤其喜欢含糖量高的食物。它们会分解食物残渣并释放出酸性物质，酸性物质再腐蚀你的牙齿。

我有一个小建议，你可以多吃高钙食物。因为牙齿的主要成分是钙，含钙量高的牙齿表面会更光滑，细菌会更加不容易附着在上面。

我新学了一个成语“自相矛盾”。说是楚国有一个卖兵器的人，说自己卖的矛是世界上最锋利的矛，卖的盾是世界上最坚固的盾。路过的人就说，那如果用你的矛去攻击你的盾，会怎样呢？卖兵器的人回答不出来，灰溜溜地走了。但我觉得这个人很委屈，最锋利的矛是指在世界上所有的矛中，这柄矛是最锋利的，而不是说它能刺穿所有物体；最坚固的盾是指在世界上所有的盾中，这面盾是最坚固的，而不是说它能抵挡所有攻击。这个人只是卖东西，也没有撒谎，却被赶走了。请问您对此有什么看法呢？

答：你的看法不同是因为你对“最锋利”和“最坚固”的定义不同，矛和盾都是士兵在战场上不可缺少的工具，对于古人来说，杀敌和保命很重要，因此“最锋利的”意味着攻破一切，“最坚固的”意味着阻挡一切。

对于现代人来说，最锋利的刀是激光刀，最坚硬的物质是金刚石。一直以来，金刚石的加工对于科学家来说都是一个难题。新娘手上的钻石戒指，具有几十个光洁平整的切面，其实是用另一颗金刚石作为工具切出来的。如果想把金刚石切割到纳米级，则需要使用激光。激光刀可以毫不费力地切开金刚石，但人们也不会因此而怀疑金刚石的坚硬程度。

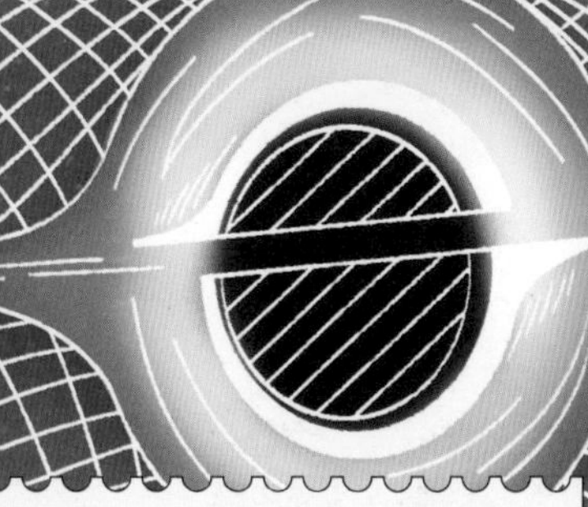

我对黑洞充满好奇！什么样的星星有资格成为黑洞呢？太阳将来会变成黑洞吗？

答：广义相对论预测，非常非常大而紧密的质量拥有扭曲时空的力量，形成黑洞，如同一个黑色的漩涡，把周围的一切物体都卷入其中，连光也无法逃脱。只有大质量的恒星燃烧尽自身的燃料并坍塌，变得非常非常紧密，才会形成黑洞。

而太阳的质量太小了，一个质量为太阳的 20 倍以上的恒星，才会在生命的末期变成黑洞。黑洞会吸收抵达它的光线，因此我们无法使用望远镜看到它，哪怕它离我们很近。坦白讲，地球人对黑洞知之甚少。

我发现了一种既不是气态，也不是液态，更不是固态的物质。哈哈，你想知道是什么吗？

答：我猜一定是火焰吧！火是一种等离子体。物质在燃烧时，一部分电子会挣脱原子核的束缚，这样的电子被称为自由电子。而剩下的那部分，包含原子核和“不自由的电子”，被称为离子。这些带电的粒子因为物质的燃烧而不断获得能量，四处飞舞跑动，就形成了等离子体。

天呐！你可真聪明。我说的就是火焰。那么世界上的物质除了这4种状态，还有其他的状态吗？

答：有的。你的家里有液晶电视吗？“液晶”就是一种并不常见的物态。液晶，顾名思义，是一种会流动的晶体。你日常生活中见到的晶体，例如盐、糖、雪花，都是固体。组成它们的原子或分子规规矩矩地排列在一起，因此它们也大多具有规整的外形。可液晶状态的物体却不同，组成它的分子既能规整排列，宏观上又具有流动性，是一种全新的物态。

能量小人请回答

为什么有人跑两百米就感觉很累，而有人可以跑四万米的马拉松？是因为马拉松运动员能量更足吗？可我看他们都很瘦，他们把能量都储存在哪里了？

答：没错，马拉松运动员能量更足！这里不是说他本身具有更多能量，而是说他经过多年训练，让自己的身体更容易获得能量。

你在跑步的时候，是不是越累越想大口呼吸，甚至有喘不上气的感觉？运动员的心脏和肺都更加强大，肺保证了氧气的吸入，心脏保证了血液能够及时运送至全身，而血液又负担着运输氧气的重任。因此，强大的心脏和肺能够帮助他们更好地使用氧气。

氧气会参与身体里糖和脂肪的分解，并把它们转化成能量，驱动身体继续奔跑。

运动员每天辛苦地训练，身体机能更加强大，咱们可比不上啊！

就像热水会放凉，花朵会枯萎，
宇宙会不会也在悄悄释放能量，
把能量输送到另一个宇宙去？

答：当我们谈到热量的转移时，通常要考虑到转移发生的环境，也就是“系统”。一杯热水放凉，是因为其温度不断传递到周围的空气中，说明这个系统不是孤立的，而是在和外界发生联系的。人类所知的唯一孤立系统就是宇宙。

为什么只有宇宙是特别的呢？因为人类并未找到宇宙传出或者接收能量的证据，所以把宇宙看作孤立系统。

对热量的研究被称为热力学。关于热力学，科学家目前达成一些共识，其中一条是说，孤立系统中热量总是从高温物体流向低温物体，这一过程是不可逆的。但这里隐含着对宇宙的命运的预测：随着时间的流逝，所有物体的温度都会变得一样。我们知道，生命的一大特点就是能维持自身的温度在某个范围内，真到了一切物体温度相同的那一天，宇宙中还会有生命吗？

说的有些多，希望你不要介意。关于宇宙的命运，人类科学家目前只知道上述这些，没有人能清晰、笃定地说出宇宙的结局。如果你有志于投身对宇宙的研究，或许我——热量正是一个突破口。

我每周可以玩3小时游戏，最近很喜欢玩一款武侠游戏！我可以在里面使出轻功，在空中三连跳。但这在现实生活中是不可能的，因为我体内的化学能不足以瞬间转化为动能和重力势能。我没有什么问题想问，只是感叹3小时根本不够玩！

答：这位武林高手，不要感伤！不知道你听没听说过外骨骼系统。人们穿上一套外骨骼，就好像长出了更坚硬的骨头、更强壮的肌肉，能够抱起比自身重量还要重许多倍的物体，还能在崎岖不平的路面上如履平地。或许再过几年，人人都可以穿着定制的外骨骼出门。到那时，门和窗将没有区别。如果你家住在26楼，只需借助外骨骼的力量，一下就跳上去了。

地球的能量来自太阳，那么太阳的能量来自哪里呢？太阳的能量有消耗完的一天吗？一切都令人担忧……

答：太阳和所有其他恒星一样，都是由一种称为核聚变的反应来产生能量。根据科学家的计算，太阳至少还能“聚变”五十亿年。五十亿年后，太阳进入红巨星阶段，直径变为现在的256倍，会吞掉太阳系中的一部分行星。这一过程仅仅持续几百万年，你可以将其看作一次“回光返照”。很快这颗红巨星就会变为一颗白矮星，直径变为原来太阳的百分之一，这时我们可以说，太阳的能量已经消耗完了。

爸爸妈妈在打扫房间时发现了我之前的婴儿床，上面挂着一个老式的怀表，他们说摆动的怀表具有催眠作用，能够让我迅速睡着。我突然发现，怀表难道不是一个永动机吗？可以一直摆动下去。

答：你只是从字面意义上理解了“永动机”，就是“永远运动的机器”。实际上科学家所说的“永动机”是指不吸收能量却能一直对某个或某些物体施力的机器。这就好比一个人不吃饭的同时一直干活儿，肯定是不可能实现的。

而且，怀表在摆动时会和空气分子不停发生碰撞，不断消耗自身的能量，总会有停下来的时候，也不算是“永动”。

我想知道，能量可以独立存在吗？书里的化学能、动能、机械能……都要依靠物质才能被人们所利用，有没有独立存在的能量？

答：当然可以！你听说过绝对零度吗？如果组成一个物体的所有粒子都完全静止，不再进行热运动，那么这个物体的温度就会降为零下 273.15 摄氏度。绝对零度可以看作这个世界的温度“底线”。

这个世界的能量也有“底线”，即便是在真空状态，真空本身也具有能量。真空中的任意位置都有能量在不停变化，就像细小的蜘蛛丝在不停震动。

声小人请回答

上个礼拜我去听了一场歌剧，我的座位离舞台很远，仍然能清楚地听到演员的歌声。神奇的是，这些演员并没有拿话筒，领子上也没别着麦克风，声音却能传得这么远。这真是太神奇了……一定有原因的，对不对？

答：歌剧演员不需要麦克风就能让全场观众听清歌声，主要有两个原因。一是歌剧舞台的地面都是大块的、地板状的，有利于声音的反射。整体布局呈三面合围，只留一个面冲着观众，能够保障声音的集中。第二个原因是歌剧演员自身强大的演唱能力。歌剧演员可以让喉腔在发声时的震动与发出的声波形成共振，增强声音。这就像幼儿园里一个小朋友哭泣，很快就会有一片小朋友也跟着哭，哭声震耳欲聋，这就是一种共振。

你听说过历史上的“幽灵船”事件吗？“幽灵船”是指原本已经神秘失踪的船只，在许多年后忽然出现，但船上的人已经全部死亡，法医无法查出他们的死因。人们猜测，这些船员是被次声波杀死了。次声波竟然这么厉害！要是有犯罪分子利用次声波在闹市杀人，我该如何防御呢？

答：不用担心，一切都只是猜测，目前科学家还没有足够的证据证明次声波能够杀人。能量较高的次声波并不常见，大多来自雪崩、海啸、地震、火山喷发等自然现象，而能量太低的次声波又没什么效果，因此暂时还不用担心犯罪分子携带次声波武器出现。

昨晚妈妈给我讲了一个故事，来自武侠小说《倚天屠龙记》。里面有一个角色会“狮吼功”，能够发出巨大的吼声，把人震得晕厥过去，醒来后精神错乱。我觉得这不太科学，为什么他不会把自己震晕过去呢？

答：武侠小说看看就好，可不能完全当真啊！这门功夫叫作“狮吼功”，看来和狮子有关。狮子的叫声可以达到 114 分贝，能够传递到 8 千米以外的地方，但没有什么杀伤力。如果一头狮子站在一个人边上吼叫，这个人会感到烦躁、耳朵不舒服，但不会晕厥或是精神错乱。当然，这种时候首先要关心的也不是耳朵……

动物界有许多“歌唱家”。我的问题是，人们怎么知道它们是在唱歌还是在说话呢？当我听到鸟叫，鸟类到底是在和同伴说话，还是在唱歌？

答：动物唱歌主要是为了远距离传输信息，可以被视为“说话”。以蓝鲸为例，蓝鲸依靠一系列独特的歌声进行相互交流和位置确定。声波在水中的传递速度要大于在空气中，鲸歌可以在海中传递 3000 千米远而不消散。如果你对鲸歌感兴趣，可以去音乐类 App 里收听。

鸟类唱歌的内容也和传递信息有关，它们通过歌声告知同类自己的领地边界、求偶意愿，也靠歌声把食物的位置分享给同伴。上述的“唱歌”都是人类的感受，实际上动物只是在交流。动物发出的声音更加实用，很少有“欣赏”和“被欣赏”的意味。

我有一个唱歌跑调的同学。老师说，这可能是“先天性失乐症”，让我们不要嘲笑他。什么是先天性失乐症？对健康有影响吗？

答：世界上有 4% 的人口患有失乐症，你的同学并不孤单。他们对音乐不感兴趣，也没法创造或是复制音乐。但这并不影响他们的生活！

我发现音乐可以分为“快乐的音乐”和“悲伤的音乐”。我的妈妈最近在家里练习小提琴，一开始演奏的是《新年好》和《小河淌水》这类很简单的练习曲。这两首曲子是“快乐的音乐”，让人情不自禁想手舞足蹈。随着演奏水平渐渐提高，她现在已经可以演奏《梁祝》了。但《梁祝》是“悲伤的音乐”，让我想叹气。这是为什么呢，为什么音乐有感情？

答：你可以把音乐当作一种语言。当你的妈妈对你说“你真棒”，你是不是会很开心？这是因为你的大脑接收到了这三个汉字所承载的信息，并且下命令，让你的一部分神经细胞活跃起来，分泌出让你感到愉快的物质。同样，虽然你自己不知道，但你的大脑天然地认可音乐这门语言：有些旋律让人欢快，有些旋律让人忧愁。

光小人请回答

听说海里有会发光的鱼，它们在哪儿充电呢？

答：深海 200 米之下，光线无法穿透海水，很多住在这个深度的鱼类都可以发光。人们最熟悉的发光鱼是鮟鱇鱼，这种鱼长得很难看，像个大蛤蟆，因此获得了人类的注意（和喜爱）。鮟鱇鱼的头上顶着一根由前背鳍演化而成的发光钓竿，钓竿上坠着一个小笼子，里面装着会发光的细菌。这些细菌靠鮟鱇鱼提供的营养物质生活，并为鮟鱇鱼点灯，照亮深海。

因此，对于鮟鱇鱼来说，好好吃饭就能积累充足的营养物质并提供给发光细菌。对它来说，充电就是好好吃饭。

物体的颜色由它反射的光线决定，黑色的物体就是吸收了所有的色光。我想问的是，真的有物体能够吸收所有光吗？连一丝一毫也不会反射出来吗？

答：不知道你有没有注意，虽然都是黑色的物体，但黑的程度也有所不同。你可以注意观察班里每个同学头发的颜色，有些同学的发色是“比较黑的黑”，有些是“特别黑的黑”。它们都或多或少反射了光线，但“比较黑的黑”反射的更多一些。

完全不反射光线的物体并不真实存在。目前科学家所研发的最黑的物体是碳纳米管阵列，就是用碳做的非常细的管子排列成方队，吸光率在 99.9% 以上。

那么世界上最白的物体呢？
是不是会反射所有的光？

答：世界上最白的物体是刷了世界上最白的涂料的物体，而世界上最白的涂料是添加了硫酸钡纳米粒子的丙烯酸涂料。最白的物体大概能反射98.1%的光线，这也就意味着阳光的温度很难传递到它身上。如果把这种涂料涂在夏天的衣服上，能让身体更凉爽。这样的衣服可以优先派发给夏天需要在户外长时间工作的人，例如环卫工人、快递员、外卖员。

人类最远能看到
多远的星星？

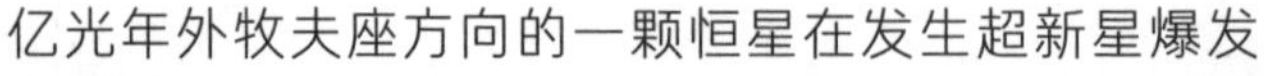

答：有一种天文现象叫作“超新星爆发”。如果一颗恒星走到生命末期，就会回光返照，产生极其明亮的剧烈爆炸。根据目前的观测记录，在75亿光年外牧夫座方向的一颗恒星在发生超新星爆发时，释放出超强的光线，这使得地球上的人类可以直接用肉眼观测到它的亮度，持续半分钟之久。在超新星爆发前，我们无法看到这颗星星。

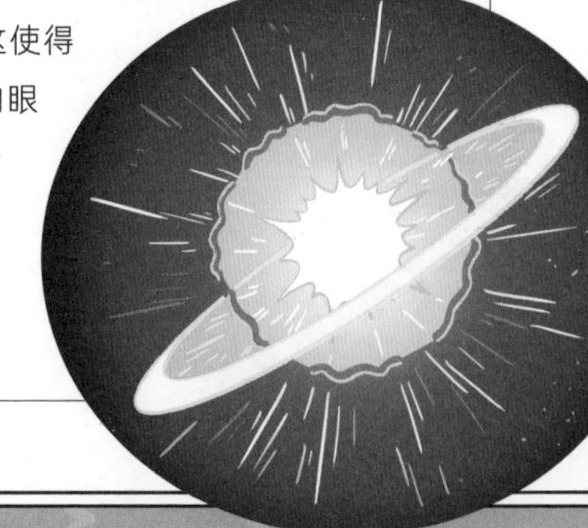

我对银河系已经有了一定了解！银河系里有 2000 亿 ~ 4000 亿颗恒星，还有至少 1000 亿颗行星。我想知道，在仰望星空时，怎么分辨出哪些是发光的星星，哪些是反光的星星呢？

答：当你观星时，不知道有没有注意过，有些星星会“眨眼”。先跟你说结论吧，会“眨眼”的星星是恒星，也就是会发光的星星；不会“眨眼”的星星是行星。

地球被大气层包裹着。大气层是动态的，恒星的光芒射向地球，会被层层密度不同的大气所折射。一股气流吹过，光被折走；等到这股气流过去，光又重新落入你的眼睛。因此，恒星对你来说时隐时现，就好像在“眨眼”。

那你要问了，行星的光线为什么不会偏折呢？

因为行星离我们更近。

这就像远处的车灯和近处的路灯，一阵浓雾袭来，车灯时隐时现，而路灯依然清晰。这只是因为路灯离你更近，如果车灯也离你这么近，那么多大的雾也无法将其遮挡。

不同的人种有不同颜色的眼睛。蓝色眼睛的人看到的世界会更蓝吗?

答：不会的。眼睛的色彩来自虹膜，但显色并不依赖于蓝色色素，而是源于光的散射。光线经过虹膜，蓝光是最容易被反弹回来的，如果这个人的虹膜里黑色素含量较低，那么他的眼睛就会显蓝色。

用以成像的光线进入眼睛，实际上并不穿过虹膜，像在视网膜上，而视网膜在虹膜前面。因此人对色彩的感知不受眼睛颜色的影响。

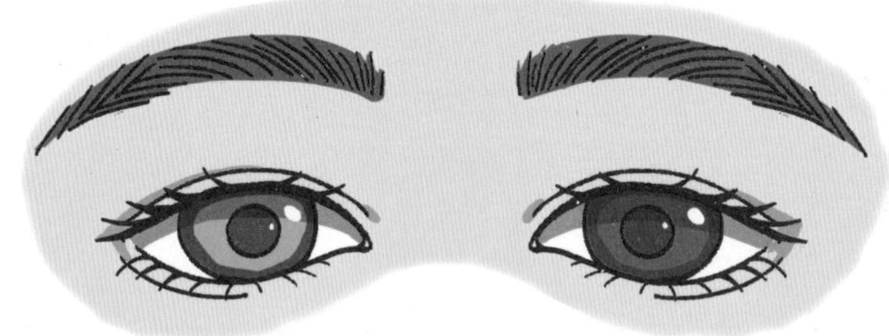

电小人请回答

我的表姐立下誓言，要“瘦成一道闪电”。我查了一下，闪电也分许多种，有枝状、片状、球状……其中枝状闪电的宽度只有 2~3 厘米。我注意观察过闪电，即便是枝状闪电，宽度也不止 3 厘米呀？这是怎么回事？

答：闪电一般发生在下雨天，天空中有许多小液滴，闪电发出的光需要穿过这些小液滴，经历无数次折射和反射才进入你的眼睛。且光的速度非常快，在你的眼中一切就好像同时发生的，因此看到的闪电更粗。

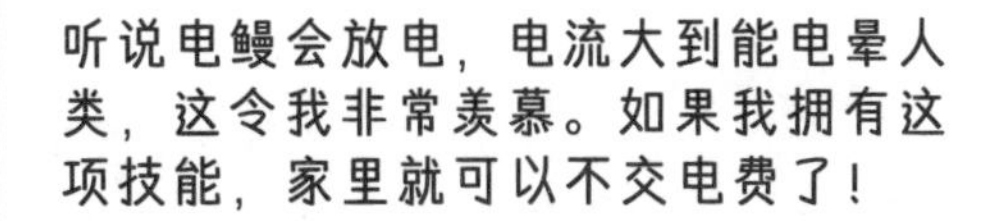

听说电鳗会放电，电流大到能电晕人类，这令我非常羡慕。如果我拥有这项技能，家里就可以不交电费了！

答：现在的年轻人都这么节俭吗？真是令人惊讶！让我们来看看电鳗为什么会拥有放电的本领。你可以简单地理解为，电鳗在身体里装了电池。电鳗的内脏都挤在头部，身体和尾巴里用来装三种电器官，分别能够放出高压电、中压电和低压电。电器官由能够放电的肌细胞组成。细胞膜的后侧有大量钠离子通道，前侧则没有，这就像电池分正负极一样，具有了驱动电子、形成电流的能力。

而我们普通人身上只有普通细胞，普通细胞的细胞膜上有数百至数千个均匀分布的离子通道，转运了多少正离子，就会转运多少负离子，内外很快达到平衡，无法放出电流。

退一百万步讲，即便你是电鳗，也不能每天 24 小时把手插在电源插座里吧，你还得上学呢！

电梯里和楼道里经常有这样的提醒：不要把电动车放到楼内。听说是因为电动车很容易起火。同样是靠电驱动，扫地机器人为什么不容易起火呢？

答：电动车耗电较快，每天都要充电。电池老化会导致内部的隔膜破损，电池液混在一起，发生短路。短路可是一件很可怕的事情，会使元件局部过热，温度迅速升高到 400 摄氏度至 1000 摄氏度，引起着火或爆炸。

有一天我看到一个视频，是一个在旷野上欣赏风景的小姐姐，突然发现自己的头发竖了起来，于是拔足狂奔，回到了车里，这时头发也不再竖起。她惊魂未定，感叹自己捡回一条命。而我深感困惑，不知道发生了什么……

答：没想到吧！人在被雷劈之前，头发会竖起来。你是否还记得闪电形成的原理？云层里有带正电荷的区域，也有带负电荷的区域，电荷数目积累到一定程度，正电区就会向负电区放电。这时头发上的电荷受到雷云的感召，就会竖起来，为这个人被雷劈指引方向。

现在你知道这个视频的含义了吧！

为什么遇到闪电时不能躲在树下，也不能使用手机？关于闪电我实在有很多问题。什么时候我们才能真正驾驭闪电呢？

答：你已经学习了关于导体和绝缘体的知识，现在请你来判断一下，树木是导体吗？

干木头是不导电的，有生命的树木则是导电的。任何生命都离不开水分，树木更是如此。它们的枝干里有很多长条状的细胞，长度大概是直径的 100 倍，负责把土地中的水分运输到树木的身体里。这就像你用毛衣针在干木头的截面上戳出一个个洞，再往洞里灌满水，这样的木头怎么可能是绝缘体呢？闪电来袭，你却躲在导体下面，自然危险加倍。

至于“不要在闪电下打手机”则是一个误会。一个人遭到雷击的概率不会因为正在使用手机而提升，但如果他在使用手机时恰好被雷劈中，手机外壳会在高温下熔化，把手烫伤。

物体的电阻究竟由什么决定？为什么同样规格的铜丝导电性要比铁丝强呢？

答：金属这种物质是由原子组成的，原子有序地堆叠成一个个小立方体。每个原子的原子核外都有一层层电子，处于外层的电子能够脱离原子核的束缚，而在不同的小方格之间奔走，形成一片电子之海。这样的电子叫作自由电子。金属导电，就是外部的电源给了金属里自由电子能量，让它们整齐划一地往一个方向行进，形成了电流。

原子核对电子的吸引很像星体之间的吸引力。对于太阳来说，可以让 45 亿千米之外的海王星绕着它旋转；而质量更小的地球只能控制住 40 万千米之外的月球。当你查看元素周期表时，会发现铜的原子序数大于铁，铜原子核里有更多的质子和中子，质量也更大。

因此铜原子的最外层电子与原子核的距离要比铁原子更远，也就更容易脱离束缚，成为自由电子。这也就意味着，对于规格相同的铜丝和铁丝，铜丝能提供更多的电子参与定向移动，所以导电性更强。

磁小人请回答

我看到妈妈做饭不用燃气灶，用的是一个扁扁的叫电磁炉的东西。电磁炉是怎么加热食物的？与电和磁有关系吗？

答：是的，电磁炉，一听名字就知道与电和磁有关了，还记得电和磁的亲密关系吗？电可以生磁，就是通电线圈周围会产生磁场。磁也能生电，闭合电路中的导体切割磁感线会产生电流。电磁炉利用的就是这两个原理，电磁炉操控面板下面有一个很大的金属线圈，电磁炉通电后，经过转换装置，线圈中经过的电流会持续快速变换方向，从而产生不断变化的磁场。这时候，把铁锅放在电磁炉面板上，铁锅就相当于一个导体，在不断变化的磁场中切割磁感线，产生电流。电流在锅底沿着一个一个闭合回路流动，就像河水中的旋涡。涡流使锅内的金属粒子高速无规则运动，这些粒子互相碰撞、摩擦产生热能，锅就变热了。这样看来，热量是锅底自己产生的，而不是电磁炉发热再传导给锅的。

进地铁站的时候，安检员手上总是拿着一根棒，在乘客身上扫一下，如果碰到金属它就会响，这是为什么呢？

答：这个是金属探测器，主要作用就是检测乘客身上是否携带一些金属类的危险刀具。金属探测器的前端有一个检测线圈，通电时会产生磁场，如果有金属与这个磁场接触，磁场就会发生变化，触发警报。这里也要提醒大家，坐公共交通工具的时候，不要带管制刀具和易燃易爆的东西上车。

磁铁总是有南北两极，就算我把磁铁锯成两半，变小的磁铁也还是有两极。到底有没有只有一极的磁铁呢？

答：一个磁铁如果只有一个北极或者只有一个南极，就叫作磁单极子。科学家曾利用数学公式预言了磁单极子的存在。然而几十年来，科学家到处寻找，他们去了天上，又去了海底，从南极和北极采集岩石样本，在陨石和月球尘埃里、10亿年前的矿石中，甚至是粒子加速器中寻找磁单极子，但是至今也没有找到它的确切踪迹。不过没关系，未来还有很长时间，磁单极子正在等你去发现。

地球磁场也有南北极，那它的南北极会变化吗，会不会哪一天我一觉醒来，南极变成了北极呢？

答：你说的是磁极翻转现象。我来告诉你，这真的有可能，因为地球磁极已经翻转过很多次了，不过那时候距离现在很遥远，人类还没有出现呢。科学家推测，在磁极变化和翻转过程中，会发生磁场变弱的现象。这样地球的各类电子设备、通信卫星都会受到影响，臭氧层也会被破坏，紫外线辐射会伤害地球上的生命。很多鸟类是依靠磁场辨别方向的，它们的生活也会受到影响。直到现在，科学家们还不了解地磁变化的确切规律，无法预测未来是否真的会发生磁极翻转，以及翻转的具体时间。不过我们也不用过于担心，即使下一次地磁翻转真的会发生，也是在几十万年以后了，相信那时候的人类已经想到办法应对了。

听说极光和磁场有关，是真的吗？

答：是的。极光是由来自大气层外的高速粒子撞击大气层中的粒子产生的，这种撞击常发生在地球磁极的周围。

太阳会发射超高速的带电粒子流，不断射向地球，科学家称之为太阳风。地球周围的磁场像一张保护网阻挡太阳风，使太阳风发生偏转，扩散到太空中。但是在太阳活动强烈的时候，一小部分太阳风就会成为漏网之鱼，它们沿着地球磁力线进入地球两极，与大气层中的微小粒子发生撞击，产生大规模放电，并发出光芒，就形成了极光。

地球磁场是怎么产生的？

答：这个问题目前还没有统一的答案，科学家们提出了很多假说。有人认为地球诞生之初就是一块超大的磁石。有人认为地球上存在着异性电荷，一种分布在地球内部，另一种分布在地球表面，它们随地球旋转产生电流，从而产生电磁场。还有人认为地核中的金属物质在一些微弱磁场中运动，产生电流，电流又使微弱磁场加强，从而形成地球磁场……这些假说有一定的道理，但是都不完备，最终谁也无法准确说出地球磁场产生的具体过程。

力小人请回答

今天我和好朋友比赛掰手腕输了，好朋友成了掰手腕大王。我问他有什么秘诀，他说因为他的手臂太短才赢的。难道我的手臂长，就成不了掰手腕大王吗？

答：掰手腕就是让对方的手臂转动程度达到最大的过程，把手臂看作一个杠杆，抵在桌面上的手肘就是支点，手掌是施力点，前臂的长度就是施力点到支点的距离，也就是动力臂。对手的前臂越长，你需要用的力就越小；你的前臂越短，对手需要用的力就越大。就像我们推门时，手越靠近门边，越省力；越接近门轴，越费力。这样看来，前臂短确实会占有优势。不过，这个分析仅仅是理想化的模型，毕竟人体并不是简单的机械结构，还要考虑肌肉、骨骼的构造。还有，掰手腕时双方的力量也在不断变化。所以前臂短并不是决胜的法宝，还是要有力量才行。

最后还是要提醒一下这位勇敢的小朋友，掰手腕是一项极限运动，一定要量力而行呀。

晚上我躺在床上看窗外的月亮，突然想到了一个问题，为什么月亮一直围绕着地球转动，而不是砸向地球，我越想越睡不着，这是为什么呢？

答：我们知道月球受到地球的引力作用，所以会绕着地球转动。而月球不会砸向地球，是因为月球和地球一直保持着某种“安全距离”，当两个天体保持在“安全距离”以外，那么它们就可以相对稳定地运行。如果距离小于“安全距离”，那么体积较小的天体就会砸向体积较大的天体，而且随着距离缩短，小天体不同部位受到的引力会出现明显的差异。

距离大天体较远的部位受到的引力小，距离较近的部位受到的引力大。最终小天体就像一个气球，被不同大小的力撕碎。土星环就是因为一些天体越过了土星的“安全距离”，而被土星的引力撕成碎片后慢慢形成的。

现在月球和地球的距离很安全，而且科学家们还发现月球正在逐渐远离地球，所以我们完全不用担心月球会砸过来，而是担心月球会不会“逃跑”。

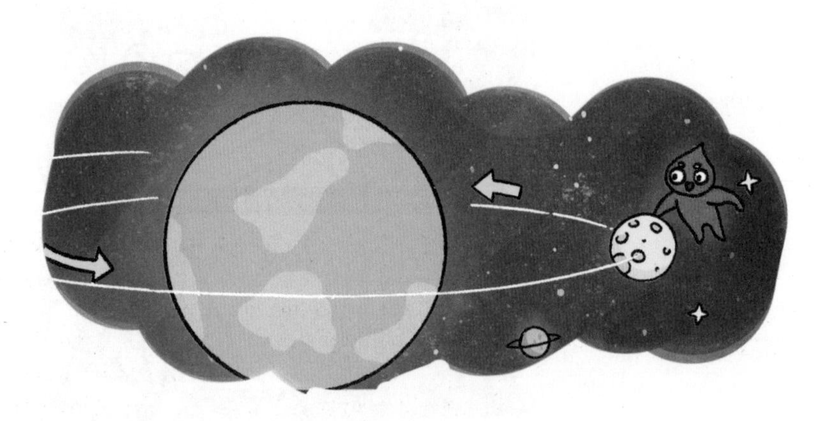

蚂蚁可以举起超过自己重量 50 倍的物体，蚂蚁的力气为什么这么大呢？

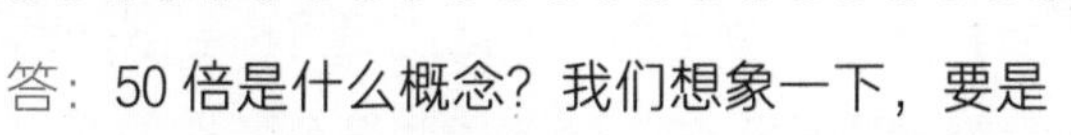

答：50 倍是什么概念？我们想象一下，要是一个 60 千克的成年人身上压了 3 吨的货物，这个人早就被压扁了。蚂蚁的外骨骼非常坚硬，可以承受外界很大的压力。而且蚂蚁还拥有很强的动力系统，蚂蚁腿部的肌肉，就像一台台高效的“发动机”，“燃料”是一种特殊的化学物质，可以使蚂蚁体内潜藏的能量释放出来，而且还没有机械摩擦，几乎没有能量损失。通过一台台“发动机”产生的巨大动力，蚂蚁就可以将比自己重几十倍的东西举起来了。

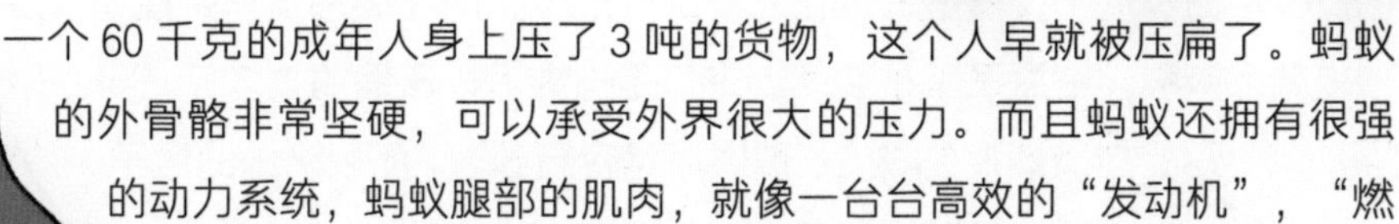

作用力和反作用力一样大，那当我打别人的时候，我俩是一样疼吗？

答：首先，打人是不对的，不管有什么矛盾，都要和平解决，小朋友自己解决不了，可以找老师、找家长，千万不能打人。

然后，我来回答这个问题。力的作用是相互的，但是被打的人总是更疼一些。因为打人者往往是用强壮的部位，如拳头、手肘等，打对方的肚子、脸等柔软部位，这些部位神经末梢多，承受力弱，痛感强，就让人以为被打者受的力更大。就像用鸡蛋碰石头，同样的力，蛋壳脆弱容易破，石头坚硬就不会破。

最后，小朋友一定不要打人呀！

两个相同的玻璃瓶掉在地上，一个是空的摔碎了，一个灌满了水却没有碎。明明灌满水的瓶子质量更大，受到的力不是也更大吗？

答：玻璃瓶从高处落到地面，会给地面一个压力，玻璃瓶同时也受到地面的反作用力。这个反作用力会让瓶子发生形变，而玻璃瓶没有弹性，发生形变就会破裂。空瓶子里是空气，空气是一种可以压缩的气体，并不会阻挡玻璃瓶的形变，玻璃瓶就容易破裂。而装满水的瓶子，虽然受到的力更大，但是，因为水是难以被压缩的，水也会给瓶子一个力阻碍瓶子形变。因此，装满水的玻璃瓶反而不容易破裂。

冰壶运动员两只脚穿的鞋子不太一样，这是怎么回事？难道运动员叔叔也像我一样，早上起晚了，慌乱中穿错鞋了吗？

答：冰壶运动员的两只鞋确实不太一样。冰壶运动员不同于普通滑冰运动员，他们需要在冰场上时而滑行，时而停止，因此，他们的鞋子经过特殊设计，一只鞋的鞋底是专业塑料制成的光滑表面，摩擦力小，用来滑行；另一只鞋的鞋底是橡胶制成的防滑面，摩擦力大，停下来时可以辅助身体保持平衡。这样，冰壶运动员就可以在比赛时流畅切换模式，也能受到保护而不容易受伤。

在高原，水的沸点还不到70摄氏度，如果海拔继续升高，水的沸点会更低吗？我们身体里的血液会不会也沸腾起来？

答：如果海拔继续升高，大气压会越来越低，水的沸点也会变得更低。当达到某个高度时，水的沸点刚好就是人体的体温，人体暴露在外的唾液、眼泪、保持肺泡湿润的体液等就会沸腾。而人体内部的液体，如血液，因为处于相对封闭的系统中，内部压力较高，所以沸腾得会比较晚。但是，在这样低温低压低氧的环境下，如果没有任何防护，人可能在血液沸腾前就已先失去意识，甚至死亡。

我发现往水壶里倒水时，壶嘴的水位也会跟着升高，而且总是和壶身的水一样高，哪怕水壶倾斜时，高度都是一样的，这是怎么回事？

答：液体压强与水的深度有关，水越深，压强越大。把水壶里的液体看成一个整体，壶身和壶嘴连接处两边的水深如果不同，液体就会从压强大的地方向压强小的地方流动，直到平衡，也就是变得一样深。像水壶这样，上端开口，下端相通的容器叫连通器。因为压强的缘故，连通器里的同种液体不流动时，各容器中的液面高度总是相同的。

薄纸片从高处落下，即使没有风，下落的路线也是弯弯曲曲的，这是为什么呢？

答：这是由于纸片表面并不是完全光滑的，而是凹凸不平的，纸片在下落过程中，表面各处的空气流速不同，流速越大，压强越小，所以纸片各处受到的大气压并不均匀。而且大小和方向还会随纸片运动情况的变化而变化，因此，纸片掉落时的路线不是直上直下的，而是弯弯曲曲的。

把口香糖揉成圆锥形，尖的部位朝上，用椰子用力往口香糖上砸。口香糖竟然把椰子壳砸出一个洞，这是为什么？

答：口香糖属于非牛顿流体，与水这样的牛顿流体有很大区别。牛顿流体的黏性基本是固定不变的，就像不管你怎么搅动水，水也不会变得更黏稠。而非牛顿流体在大的外力作用下黏度会变大，而且外力越大，黏度就越大。当椰子以高速撞击口香糖时，口香糖受到强大外力作用，黏度迅速增大，口香糖就变得像固体一样坚硬，甚至可以扎破椰子外壳。如果受到的外力很小而且缓慢，它就会变得柔软了。

听说龙卷风风力很大，能把人都卷起来，真可怕呀！它会把我也卷起来吗？

答：龙卷风是一种强烈的、小范围的空气涡旋，是在天气极其不稳定时，由空气强烈对流产生的。龙卷风一般会从云层伸展到地面，形状上粗下细，就像一个大漏斗。龙卷风中心气压很低、风力很强，甚至可以把人吹起来。如果你遇到了龙卷风，可是很危险的，要从龙卷风的侧面或者背面向着远离它的方向逃跑，或者躲进坚固的掩体内。如果来不及逃跑，那就找个低洼的地方趴下，并且要远离大树、电线杆等，以免被砸。

今天妈妈用空气炸锅做了炸鸡，妈妈说空气炸锅不用放油，就可以炸出美味的食物，而且还不产生油烟，空气炸锅怎么会这么神奇呢？

答：空气炸锅是一种用空气加热代替油炸的机器，炸锅内部有发热管和风扇。发热管将锅内空气快速加热，风扇吹动热空气沿着炸锅内壁向下流动。内壁特殊的纹路设计使空气形成漩涡热流，与食物的表面 360° 接触，使食物变熟。相比于传统烤箱，空气炸锅不需要用油或者只需少量的油就可以，这样做出来的食物也更加健康。

大家一起来回答

我听说基本粒子都有一个双胞胎兄弟，好像叫反粒子，这是真的吗？

答：目前发现的所有基本粒子都是成对的，但它们并不是完全一样的双胞胎。两个成对的粒子，它们的质量相等，但所带的电荷或其他特性却是相反的，就像有负电子，就有对应的正电子；有带正电荷的质子，就有带负电荷的反质子，这些粒子就是反粒子。1932 年科学家发现了正电子，这是人类发现的第一个反粒子。它与普通电子几乎一模一样，唯一的区别就是，它带正电荷。各种粒子都有对应的反粒子存在。

反物质又是什么呢，它跟反粒子有关系吗？

答：反物质就是由反粒子组成的物质，是自然界正常物质的反状态，它并不是虚构的，是真实存在的。在宇宙诞生初期，存在着很多物质和反物质，正反物质相撞会消失，并产生能量。而正物质粒子比反物质粒子在数量上多了一些，随着宇宙的碰撞，多余的正物质被保留下来，慢慢形成了我们现在的宇宙。我猜想，如果当时留下更多的是反物质，是不是就会构成与我们现在的宇宙相反的一个反宇宙了呢？

有一种完全看不见的物质叫暗物质，科学家是怎么发现它的？

答：用绳子绑住网球，用力旋转，网球在绳子的牵引下会绕着手旋转。想要让网球转得更快，就要用更大的力，否则球会被甩出去。就像一个小天体在引力作用下会绕着另一个大天体运动，小天体旋转越快，需要的引力就越大。

了解了这些，我们再来看暗物质是怎么回事。研究发现，很多恒星在星系中实际转动速度要比理论上快很多，这说明有更大的引力存在。那么额外的引力是哪来的？引力的大小与质量有关，质量越大，引力越大。科学家推测宇宙中存在着很多看不见的物质，就是暗物质。不过，由于我们对于宇宙的所有观测都要用到望远镜捕捉电磁波来进行，而暗物质不发射也不反射任何形式的电磁波，不能被直接探测到，所以，暗物质对于我们还很神秘呢！

说到暗物质就不得不提一下同样神秘的暗能量，什么是暗能量？

答：天文学家发现，宇宙不只是在膨胀，而且在以前所未有的加速度向外扩张，遥远的星系远离我们的速度也越来越快。因此大家推测，一定有某种隐藏的力量在暗中把星系拉远，这是一种具有排斥力的能量，科学家们把它称为暗能量。近年来，科学家们通过各种观测和计算证实，暗能量不仅存在，而且在宇宙中占主导地位，它的总量约占宇宙总量的 73%，而宇宙中的暗物质约占 22%，普通物质仅占 5%。

我很喜欢爱因斯坦，他是个伟大的科学家，但是我听说爱因斯坦不认可量子力学，是这样吗？

答：就物理现象而言，爱因斯坦是认可量子力学的，他还首先引入了光量子来解释光电效应现象。但如果仅从理论框架上来说，爱因斯坦不认可当时的量子理论是完备的理论，认为有缺陷，所以爱因斯坦提出了很多质疑。某种程度来说，正是因为有了种种质疑，才使量子力学逐渐得到完善。

我听说有一个科学家，他有一只神奇的猫，这只猫可以一会儿活，一会儿死，难道说猫真的有九条命？

答：猫当然没有九条命了，我猜你说的是薛定谔的猫。不过这只猫也没有九条命，而且这只猫不是真实存在的，而是物理学家薛定谔的一个思想实验。将一只猫关在一个盒子里，盒子里有放射性物质，放射性物质有一半的概率会放射出粒子转变为其他物质，也就是发生衰变。如果衰变就会启动毒气装置杀死这只猫，如果没有衰变，那么猫就会活下来。根据量子力学理论，放射性物质处于衰变和没有衰变两种叠加状态，猫就理应处于死猫和活猫的叠加状态。

但是，现实中不可能存在既死又活的猫，这一实验把微观放射源和宏观的猫联系起来，想要否定宏观世界存在量子叠加态。然而随着量子力学的发展，科学家已先后通过各种方案获得了宏观量子叠加态。

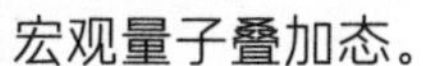

图书在版编目（CIP）数据

这就是物理：升级版：全10册 / 米莱童书著、绘
. -- 北京：北京理工大学出版社, 2023.6（2024.12重印）
ISBN 978-7-5763-2374-0

Ⅰ. ①这… Ⅱ. ①米… Ⅲ. ①物理学－青少年读物
Ⅳ. ①04-49

中国国家版本馆CIP数据核字(2023)第082201号

出版发行 / 北京理工大学出版社有限责任公司
社　　址 / 北京市丰台区四合庄路 6 号
邮　　编 / 100070
电　　话 /（010）82563891（童书售后服务热线）
经　　销 / 全国各地新华书店
印　　刷 / 朗翔印刷（天津）有限公司
开　　本 / 710毫米 × 1000毫米　1 / 16
印　　张 / 25
字　　数 / 600千字
版　　次 / 2023年6月第1版　2024年12月第12次印刷
定　　价 / 200.00元（全10册）

责任编辑 / 封　雪
文案编辑 / 封　雪
责任校对 / 刘亚男
责任印制 / 王美丽

图书出现印装质量问题，请拨打售后服务热线，本社负责调换